ACHAT

DES

ENGRAIS COMPLÉMENTAIRES

DU COMMERCE ET DE L'INDUSTRIE

PAR

CHARLES-FRANÇOIS FASQUELLE

Diplômé de l'Enseignement supérieur de l'Agriculture,
Membre de la Société des Agriculteurs de France,
Membre de la Société Nationale d'Encouragement à l'Agriculture,
Chargé du Cours d'Agriculture à l'École normale de Melun.

PRIX : 1 FRANC

Chez l'auteur, à Bray-sur-Seine (Seine-et-Marne)

DEUXIÈME ÉDITION

MEAUX
IMPRIMERIE DESTOUCHES, RUE DE LA JUIVERIE, 1

1883

PRÉFACE

L'achat des engrais complémentaires, que le commerce et l'industrie fournissent à l'agriculture, est une opération très-importante, à laquelle le cultivateur ne saurait apporter trop de soins.

Dans le petit travail que nous mettons sous les yeux du lecteur, nous avons indiqué, autant que possible, les règles générales à suivre lorsqu'on veut se procurer ces matières fertilisantes.

Cet ouvrage abrégé s'adresse surtout aux praticiens qui n'ont pas à leur disposition les livres spéciaux et dont le temps ne saurait être employé à consulter les volumineux traités d'agriculture.

Puissent ces lignes contribuer à faire cesser les contestations qui se produisent encore quelquefois entre les acheteurs et les marchands d'engrais. Les uns et les autres doivent se bien persuader que la réussite des premiers est de même sens que celle des seconds.

La restitution des principes fertilisants enlevés au sol par les récoltes, et parfois même l'enrichissement de la couche cultivée, est, d'une manière générale, — c'est du moins notre conviction, — un des moyens les plus efficaces à l'aide desquels l'agriculture de notre pays augmentera sa production et ses bénéfices.

Ch. FASQUELLE.

Juillet 1883.

ACHAT

DES

ENGRAIS COMPLÉMENTAIRES

DU COMMERCE ET DE L'INDUSTRIE

Tous les cultivateurs savent que, grâce à ses propriétés précieuses, le fumier de ferme doit être considéré comme la base de toute culture véritablement digne de ce nom. De plus, ils n'ignorent pas que si le fumier de ferme est, quand on apporte à son entretien tous les soins qu'il exige, e plus parfait de tous les engrais, il ne saurait, toutefois, rendre à la terre toute la somme de matières fertilisantes que les récoltes lui ont enlevée. En effet, chaque année, les produits d'exportation tels que le lait, la viande, les grains vendus au marché, qui représentent une certaine partie de fourrages récoltés, font perdre à l'exploitation une quantité de matières fertilisantes d'autant plus grande que ces produits sont eux-mêmes plus considérables. Il faut donc, pour rendre à la terre sa fertilité première, faire venir des engrais du dehors ; à ces engrais, nous donnons, avec tout le monde, le nom d'*engrais complémentaires*.

Les plantes se nourrissent de matières combustibles et

de matières incombustibles ou minérales ; ces dernières se retrouvent dans les cendres quand on brûle une plante, tandis que les autres se dispersent sous forme de gaz.

Les corps simples que l'on trouve plus communément dans les cendres des végétaux sont : le carbone, l'hydrogène, l'oxygène, l'azote, le phosphore, le soufre, le chlore, le silicium, le potassium, le sodium, le calcium, le magnésium, le fer et l'aluminium. Ces différents corps, en se combinant deux à deux, forment soit des acides, comme l'acide sulfurique, soit des bases, comme la potasse ; les acides en se combinant aux bases forment des sels, comme le sulfate de chaux (plâtre).

Les engrais complémentaires, quelle qu'en soit l'origine, doivent leur efficacité, à part quelques rares exceptions, à la présence de trois principes nutritifs : l'azote, l'acide phosphorique et la potasse. La valeur commerciale de ces engrais peut donc s'établir très-approximativement d'après leur richesse en chacun de ces principes.

Il y a donc trois grandes catégories d'engrais complémentaires :

1° Les *engrais complémentaires azotés ;*

2° Les *engrais complémentaires phosphatés ;*

3° Les *engrais complémentaires potassiques.*

Ces différentes substances donnent, par leurs mélanges variés, les *engrais complémentaires composés.*

On donne aux engrais complémentaires que l'on trouve dans le commerce et dans l'industrie le nom d'*engrais commerciaux* et d'*engrais industriels.* C'est d'eux que nous allons parler ici.

I.

ENGRAIS COMPLÉMENTAIRES AZOTÉS.

L'azote se trouve, dans les engrais, sous les trois formes suivantes : azote organique insoluble ; azote ammoniacal ; azote nitrique.

Les principaux engrais azotés sont : les débris de chair desséchée, le sang desséché, les déchets de laine, de drap, de corne, de cuir, de poils ; le sulfate d'ammoniaque, le nitrate de potasse et le nitrate de soude.

Actuellement, l'azote vaut, en moyenne, 2 fr. 50 c. le kilogr.

Le sang desséché des abattoirs contient	11.845	p. °/₀	d'azote.
Le nitrate de soude	»	15.	id.
Le sulfate d'ammoniaque	»	20.	id.
Le nitrate d'ammoniaque	»	35.	id.

ENGRAIS COMPLÉMENTAIRES PHOSPHATÉS.

L'acide phosphorique se trouve, dans les engrais, sous les trois formes suivantes : acide phosphorique soluble dans l'eau ; acide phosphorique soluble dans le citrate d'ammoniaque ; acide phosphorique insoluble dans l'eau et dans le citrate.

Les principaux engrais phosphatés sont : les phosphorites, coprolithes ; le phosphate précipité ; la cendre d'os, les superphosphates minéraux, les superphosphates de noir d'os.

Actuellement, le prix de l'acide phosphorique est le suivant :

Acide phosphorique soluble dans l'eau et acide phosphorique soluble dans le citrate d'ammoniaque, de 0 fr. 80 c. à 1 fr. ; acide phosphorique insoluble, 0 fr. 30 c.

Les phosphates d'os sont généralement employés à l'état de noir de raffinerie, ou charbon d'os pulvérulent ayant servi à la clarification des sirops dans les raffineries de sucre. Pour ces opérations, on ajoute ordinairement au sirop du sang de bœuf qui reste mélangé au charbon d'os. Ce mélange lavé et desséché constitue un engrais extrêmement puissant qui contient 46 °/₀ de phosphate de chaux et 3 à 4 °/₀ d'azote.

Les phosphates minéraux peuvent être fournis par deux sources différentes : 1° par les minéraux proprement dits qui renferment de l'acide phosphorique, par exemple l'apatite et quelques autres espèces minérales ; 2° par des nodules, coprolithes (excréments fossiles), plus ou moins riches en phosphate de chaux. En général, ces matières renferment de 38 à 50 °/₀ de phosphate de chaux.

Le peu de solubilité de l'acide phosphorique des phosphates a conduit à créer l'industrie des superphosphates. On appelle ainsi tous les produits provenant du traitement des phosphates minéraux ou organiques par l'acide sulfurique.

Il y a, ainsi, plusieurs catégories de superphosphates : tandis que, dans les phosphates d'os, dans certains phosphates minéraux, ainsi que dans les superphosphates obtenus avec des guanos phosphatés, l'acide phosphorique soluble dans l'eau reste à cet état ; il se produit assez promptement, chez les superphosphates obtenus avec la plupart des phosphates minéraux, un phénomène de *rétrogradation,* en vertu duquel une certaine partie de l'acide phosphorique soluble dans l'eau au moment de la fabrication y devient insoluble.

ENGRAIS COMPLÉMENTAIRES POTASSIQUES

La potasse se trouve, dans les engrais, à l'état de sel soluble (chlorure, sulfate, carbonate, nitrate).

Les principaux engrais potassiques sont : la chlorure de potassium, le sulfate de potasse et de magnésie, le nitrate de potasse, les salins de betterave et le carbonate de potasse (potasse brute).

Actuellement, la potasse vaut de 0 fr. 30 c. à 0 fr. 50 c. le kilogr.

ENGRAIS COMPLÉMENTAIRES COMPOSÉS

Ce groupe comprend :

1° Les *engrais phosphatés et azotés*, tels que la poudre d'os, la poudrette, le noir de raffinerie, les tourteaux de poissons, de colle, etc., les superphosphates azotés, les guanos bruts, les guanos traités par l'acide sulfurique, le phospho-guano.

Dans les guanos naturels, il y a de 6 à 14 % d'azote et 8 à 20 d'acide phosphorique.

2° Les *engrais phosphatés et potassés*, tels que les cendres de bois, de tourbe, de houille.

Les cendres d'orme sont les plus alcalines ; les cendres de charme et d'aulne sont plus riches en acide phosphorique.

On a trouvé dans cent parties de cendres de diverses plantes les quantités de potasse et de soude indiquées ci-dessous :

Sarments de vigne .	43.67	Pin sylvestre. . . .	15.48
Paille d'avoine . . .	26.87	Sapin	13.98
Orme	24.68	Bouleau	12.72
Paille de froment. .	18.60	Charme	11.30
Mélèze.	17.52	Châtaignier	10.11
Hêtre	17.11	Chêne.	9.44
Paille de seigle . . .	17.03	Paille de sarrazin. .	8.65

La tourbe est souvent acide ; il est utile de la mélanger avec de la chaux vive avant d'en tirer parti. On se trouvera bien de la carboniser, puis de lui faire absorber des urines et du purin : elle en condense les produits ammoniacaux tout en éprouvant elle-même un commencement de fermentation qui en facilite la désagrégation.

Le tan épuisé, formé essentiellement de matières végétales, donne, par sa décomposition, un terreau très-riche en humus soluble.

Les cendres de houille sont surtout siliceuses et non alcalines comme les précédentes; elles ameublissent les terres argileuses, et conviennent aux terres marécageuses non submergées.

Les *engrais complexes* sont ceux qui renferment à la fois l'azote et l'acide phosphorique, sous leurs trois formes, et la potasse.

II.

ENGRAIS COMPLETS. — ENGRAIS SPÉCIAUX.

On trouve, dans le commerce, des mélanges de matières fertilisantes qui contiennent de l'acide phosphorique, de la chaux et la matière azotée, et qu'on appelle *engrais complets.* Voici, sur ces engrais, l'opinion d'un homme très-compétent, M. le professeur G. Fouquet :

« Nous ne cessons pas de recommander aux cultivateurs de se défier des formules, sous peine de charger leurs récoltes de frais inutiles. Pourquoi, en effet, introduiraient-ils de la chaux dans les terrains calcaires, de la potasse dans les sols qui la contiennent en abondance, de l'acide phosphorique dans ceux qui sont riches en phosphates? Dans de pareilles conditions, si ces éléments se trouvaient dans le sol, sous un état qui permette aux plantes de s'en emparer, la restitution est tout-à-fait superflue, et, partant, onéreuse. Les principes que la terre renferme en trop faibles quantités pour satisfaire aux besoins des récoltes doivent seuls être rendus ; mais cette restitution ne saurait être négligée sans occasionner une diminution de rendements dans un avenir plus ou moins rapproché. »

Les *engrais spéciaux* ne méritent pas non plus la confiance des cultivateurs. Sans doute, telle plante est avide d'acide phosphorique, telle autre réclame surtout de la potasse ; mais est-il bien nécessaire, pour satisfaire leurs exigences, de recourir à des formules? Évidemment non : si telle substance manque dans le sol pour que l'on puisse y obtenir une bonne récolte, il faut apporter dans ce sol la substance dont il a besoin « en calculant les doses d'après les besoins probables de la récolte, » Si, au contraire, « la substance dont l'espèce cultivée est avide existe en abondance dans le sol, il n'y a pas lieu de l'y introduire. »

Au reste, l'emploi des engrais industriels s'impose plus que jamais à notre agriculture française, et il est très-important que ces matières fertilisantes soient employées de telle manière qu'elles donnent tout leur effet utile.

Mais il n'est pas facile de déterminer d'une façon rigoureuse les éléments qui, dans un sol donné, font défaut aux plantes. Aussi, ne cherche-t-on pas, dans les calculs de la pratique agricole, une telle précision. Point n'est besoin de recourir à l'analyse du sol et des plantes ; l'expérience directe suffit, pour cela, le plus souvent.

« A cet effet, on choisit, dit M. G. Fouquet, suivant le nombre des matières dont on veut mesurer l'efficacité, trois ou quatre parcelles de terres offrant la même composition et l'on y sème, séparément, les engrais à essayer. Si les terres de l'exploitation étaient de natures différentes, il conviendrait, naturellement, de faire plusieurs séries d'essais. Au surplus, comme les terres peuvent manquer de plusieurs éléments utiles, par exemple la potasse et l'acide phosphorique, il est également nécessaire de préparer des lots où l'on fera l'essai de mélanges d'engrais. Toutes les parcelles ayant été traitées de la même façon, il est évident que celles qui auront reçu les matières aptes à suppléer les éléments qui manquent dans le sol donneront les plantes les plus vigoureuses, et le cultivateur trouvera dans le résultat de ces expériences un guide sûr pour le choix de ses engrais. » (1)

III.

ACHAT DES ENGRAIS COMPLÉMENTAIRES.

L'achat des engrais complémentaires du commerce et de l'industrie est donc une opération très-importante à laquelle le cultivateur ne saurait apporter trop de soins. C'est dans le but de lui être utile, le cas échéant, que ce travail a été fait.

Achat des engrais complémentaires azotés. — L'agriculteur qui s'adresse, pour compléter ses fumures, aux engrais industriels azotés doit toujours exiger des ven-

(1) G. Fouquet. — *Conférences agricoles.*

deurs la garantie écrite du taux pour 100 des principes suivants, nominativement désignés :

Azote organique,
Azote ammoniacal,
Azote nitrique (1).

On évite ainsi toutes espèces de contestations ultérieures entre l'acheteur, le marchand d'engrais et le chimiste chargé de la vérification de la marchandise livrée.

Ici se place une observation : au lieu de garantir tant pour 100 d'*azote*, le vendeur peut garantir tant pour 100 de *nitrate*, pour le nitrate de potasse, par exemple. Dans ce cas, il faudra exiger non seulement un dosage d'azote nitrique, mais encore un dosage de potasse.

Lorsque le cultivateur désire faire vérifier la composition des engrais achetés par lui, dans un laboratoire, il doit s'adresser à la *Station agronomique* du département qu'il habite, ou, à son défaut, à celle établie dans un département voisin : il trouve là toutes les garanties désirables.

« Il importe beaucoup, dit excellemment M. L. Grandeau, que l'expéditeur prenne la peine de spécifier au chimiste la nature de l'engrais à analyser et les substances à doser dans l'échantillon dont il demande l'analyse. Il ne faut pas, comme le font quelques agriculteurs, traiter les chimistes en devins et leur adresser sans aucun renseignement un échantillon dont l'examen complet, sans point de départ fourni par l'expéditeur, peut entraîner à de longues et inutiles recherches. »

Et plus loin :

(1) Au cas où l'analyse du produit serait fourni *à l'état sec*, exiger le taux pour 100 d'*humidité à l'état normal. Cette observation est générale.*

« Il importe donc qu'une indication précise des éléments à doser accompagne l'envoi de l'échantillon. Si l'acheteur est indécis sur la nature de ces éléments, il peut toujours indiquer au chimiste l'origine de l'azote et de l'acide phosphorique par les mots nitrate, sulfate d'ammoniaque, matières organiques azotées, superphosphates, etc. » (1)

On ne saurait trop méditer les excellents conseils du savant directeur de la Station agronomique de l'Est.

Il est démontré que l'azote organique n'est assimilé par les végétaux qu'autant qu'il a été transformé dans le sein de la terre, en azote ammoniacal ou nitrique. Il est même très-probable que c'est particulièrement sous cette dernière combinaison seule, c'est-à-dire à l'état nitrique, que l'azote est assimilé par les racines des plantes.

Donc, la valeur de l'azote dans un engrais organique doit être d'autant plus élevée que cet azote est susceptible de se transformer plus rapidement et partant d'agir à plus courte échéance.

On fait subir aux matières organiques certains traitements industriels — la torréfaction, par exemple, — dans le but de rendre l'azote plus promptement décomposable.

Les engrais organiques ont des valeurs très-différentes (la valeur de l'azote varie du simple au double).

Il faut toujours se rappeler que l'azote soluble, ammoniacal ou nitrique, vaut plus cher que l'azote insoluble ou organique.

Achat des engrais complémentaires phosphatés. — L'agriculteur qui s'adresse, pour compléter ses fumures, aux engrais industriels phosphatés doit toujours exiger

(1) L. Grandeau. — *Traité d'analyse des matières agricoles*, 1re édition.

des vendeurs la garantie écrite du taux pour 100 des principes suivants, nominativement désignés :

Acide phosphorique soluble dans l'eau ;

Acide phosphorique soluble dans le citrate d'ammoniaque alcalin à froid ;

Acide phosphorique insoluble ou tribasique.

On évite ainsi toutes espèces de contestations ultérieures entre l'acheteur, le marchand d'engrais et le chimiste chargé de la vérification de la marchandise livrée.

L'achat des superphosphates donne lieu à des observations qu'il est utile de signaler.

Nous avons vu qu'il y a superphosphates et superphosphates, c'est-à-dire des engrais dans lesquels l'acide phosphorique se trouve à l'état d'acide phosphorique soluble dans l'eau en plus ou moins fortes proportions, suivant : 1° la composition des matières premières employées ; 2° le temps écoulé entre le moment de la fabrication et celui pendant lequel le produit obtenu est considéré. Le cultivateur a donc intérêt à connaître la composition du produit qu'il achète, puisque la valeur de l'acide phosphorique est subordonnée à l'état sous lequel il se présente dans les engrais.

On attribue généralement à l'*acide rétrograde* ou soluble dans le citrate une valeur agricole très-sensiblement la même que celle de l'acide soluble dans l'eau ; on donne alors le nom d'acide phosphorique *assimilable* à l'acide soluble dans l'eau et dans le citrate. Pendant longtemps, l'expression *phosphate assimilable*, brève et commode, a été très-employée : c'était une expression consacrée. Elle est condamnée aujourd'hui, voici pourquoi :

Appeler « assimilable » l'acide phosphorique soluble dans le citrate, c'est placer implicitement et nécessairement dans la catégorie des principes non assimilables des phosphates évidemment solubles dans le sol, tels que ceux que renferment le noir animal, le guano, la poudre d'os, le phosphate fossile et le fumier. Cette expression doit donc disparaître du langage des cultivateurs et des prospectus des marchands d'engrais, comme elle a disparu des bulletins d'analyse rédigés dans les laboratoires agronomiques.

Au reste, doit-on assigner au phosphate soluble dans l'eau et au phosphate soluble dans le citrate la même valeur ? Les expériences faites tant en France qu'à l'étranger concluent toutes à la presque égalité de ces deux phosphates. On a dit même que probablement il n'y a pas entre le superphosphate et le phosphate minéral une différence aussi grande que celle adoptée par le marché. C'est par des expériences comparatives faites en plein champ que le cultivateur pourra s'éclairer sur ces questions.

Quoi qu'il en soit, en France, M. Grandeau a toujours soutenu et professé, en s'appuyant sur les données physiologiques et se contrôlant par des expériences directes, qu'il y avait égalité entre les deux unités d'acide phosphorique soluble dans l'eau et soluble dans le citrate. — En Belgique, le docteur Petermann ; en Allemagne, le docteur Maerked, et tant d'autres, partagent cette opinion.

Le congrès international des directeurs de stations agronomiques qui a tenu ses assises, en 1881, en partie à l'Hôtel de Ville à Versailles, en partie à Paris au Cercle national, a réservé pour une session ultérieure la question de la valeur relative de l'acide phosphorique sous ses diverses formes.

Aussi, engageons-nous les cultivateurs à exiger des vendeurs des garanties de compositions écrites, dans lesquelles soient nettement établies, sans circonlocutions ni équivoques, les chiffres minima d'acide phosphorique aux trois états : 1° a. p. soluble dans l'eau ; 2° ac. p. soluble dans le citrate d'ammoniaque alcalin à froid ; 3° a. p. insoluble. Cette recommandation s'adresse surtout aux praticiens qui veulent se rendre compte par l'expérience, directe, faite sur les terres qu'ils cultivent, de la valeur relative de l'acide phosphorique sous ses diverses formes. Quant à ceux qui sont persuadés que l'acide phosphorique soluble dans le citrate a la même valeur que l'acide phosphorique soluble dans l'eau, ils exigeront seulement des vendeurs les deux garanties suivantes : 1° acide phosphorique soluble dans l'eau et dans le citrate ; 2° a. p. insoluble.

Quoi qu'il en soit, l'acide phosphorique soluble à l'eau et au citrate se vend plus cher — nous le répétons — que l'acide phosphorique insoluble.

Il est certain que de plusieurs engrais de même provenance, celui-là doit être préféré qui offre son kilogramme de principe utile au meilleur marché.

Toute garantie de dosage *incomplète* ou *vague* doit être rejetée.

Achat des engrais complémentaires potassiques. — L'agriculteur qui s'adresse, pour compléter ses fumures, aux engrais industriels potassiques, doit toujours exiger des vendeurs la garantie écrite du taux pour 100 de potasse nominativement désignée.

Dans les engrais dits potassiques, la potasse est le seul élément qui serve à établir la valeur agricole de la matière fertilisante. Il y a une exception, cependant : dans le

salpêtre, nitre ou *azotate de potasse,* la valeur de l'engrais complémentaire est donnée et par la potasse et par l'azote nitrique (Voir plus haut).

Achat des engrais complémentaires composés. — Nous avons divisé ces engrais en trois groupes que nous étudierons séparément :

A. — L'agriculteur qui s'adresse, pour compléter ses fumures, aux engrais phosphatés et azotés, doit toujours exiger des vendeurs la garantie écrite du taux pour 100 des principes suivants nominativement désignés :

Azote organique,
Azote ammoniacal,
Azote nitrique,
Acide phosphorique soluble dans l'eau,
Acide phosphorique soluble dans le citrate d'ammoniaque alcalin à froid,
Acide phosphorique sous ses trois formes.

B. — L'agriculteur qui s'adresse, pour compléter ses fumures, aux engrais phosphatés et potassés, doit toujours exiger des vendeurs la garantie écrite du taux pour 100 des principes suivants nominativement désignés :

Acide phosphorique total,
Potasse.

C. — Cette dernière catégorie d'engrais (engrais complexes), peut contenir l'azote et l'acide phosphorique sous leurs trois formes et la potasse, c'est-à-dire tous les principes nutritifs que nous avons passés en revue. Toutes les observations que nous avons faites, précédemment, leur sont donc, d'une manière générale, tout à fait applicables.

Remarque générale. — Nous avons vu que les divers éléments de fertilité, associés deux à deux, trois à trois ou en plus grand nombre, constituent les différents engrais complémentaires que le commerce livre à l'agriculture. Nous avons vu également sous quels états se présentent ces principes dans les engrais et sous quels noms le cultivateur doit les accepter du marchand. Il nous reste à faire connaître les principes qui établissent la valeur vénale et agricole de chaque engrais pris isolément. Le tableau suivant est emprunté au livre déjà cité de M. L. Grandeau :

Nature des engrais industriels.	Principes à doser (1) pour établir la valeur vénale et agricole.
I. Superphosphates minéraux (phosphorites et coprolithes traités par l'acide sulfurique).	Acide phosphorique soluble (2). Acide phosphorique soluble dans le citrate (3). Acide phosphorique insoluble.
II. Superphosphates d'os, de noir de raffinerie, etc.	Acide phosphorique soluble Acide phosphorique soluble dans le citrate. Acide phosphorique insoluble.
III. Guanos traités par l'acide sulfurique, phospho-guanos.	Acide phosphorique soluble Acide phosphorique soluble dans le citrate. Acide phosphorique insoluble. Azote ammoniacal. Azote organique.

(1) Ces principes seront indiqués, avec les dosages correspondants, sur la facture livrée par le marchand. Le directeur de la station agronomique la plus voisine sera chargé du contrôle.

(2) Dans l'eau.

(3) D'ammoniaque alcalin à froid.

Nature des engrais industriels.	Principes à doser pour établir la valeur vénale et agricole.
IV. Phosphorites, coprolithes, phosphate d'os précipité, cendre d'os. .	Acide phosphorique total.
V. Poudre d'os, tournures d'os, poudrette, noir de raffinerie, os dégélatinés.	Acide phosphorique total. Azote organique.
VI. Nitrate de potasse. . .	Azote nitrique, potasse.
VII. Nitrate de soude . . .	Azote nitrique.
VIII. Sulfate d'ammoniaque	Azote ammoniacal.
IX. Laine, déchets de drap, corne, cuir, sang desséché, débris animaux . .	Azote total.
X. Cendres de bois, de houille, de tourbe. . . .	Acide phosphorique total. Potasse.
XI. Sels de potasse (indiquer si ce sont des chlorures, sulfates, carbonates, salins, etc.) . . .	Potasse.

XII. Engrais composés. — Cette dernière catégorie peut contenir tous les principes nutritifs, azote et acide phosphorique, sous leurs trois formes, et de la potasse. Il importe d'indiquer si ces mélanges sont formés de nitrate de soude et de potasse, comme source d'azote ; s'ils contiennent du sulfate d'ammoniaque, des superphosphates, etc.

IV

DE L'ÉCHANTILLONNAGE DES ENGRAIS A ANALYSER

Le cultivateur qui veut faire vérifier, dans un laboratoire, la composition des engrais achetés par lui doit, avons-nous dit, prendre la peine de spécifier au chimiste la nature de l'engrais à analyser et les substances à doser dans l'échantillon dont il demande l'analyse. Or, il est important de remarquer que l'échantillonnage de l'engrais à analyser et la prise d'essai de la quantité de matières, sur laquelle seront faits les dosages, sont deux opérations qui présentent quelquefois de sérieuses difficultés et qui, en tous cas, sont très-délicates : on ne saurait y apporter trop de soins.

Comme le cultivateur peut être appelé à procéder lui-même à la levée de l'échantillon, nous pensons qu'il doit connaître les procédés à l'aide desquels cette opération doit être faite. Quant à la prise d'essai, elle intéresse surtout le chimiste, et nous n'insistons pas.

M. L. Grandeau, directeur de la station agronomique de l'Est, a donné (1) sur l'échantillonnage des engrais d'excellentes indications pratiques, que nous allons reproduire d'autant plus volontiers que nous avons pu en reconnaître nous-même la valeur.

« *A)* Engrais homogènes en poudre. — (Sulfate d'ammoniaque, nitrate de soude, nitrate de potasse, coprolithe, phosphorite, phosphate précipité, superphosphate, cendres d'os, poudre d'os, guano brut, guano à azote fixé, noir de raffinerie, cendres lessivées, cendres de bois, de houille).

(1) L. Grandeau. — *Traité d'analyse des matières agricoles*, loc. cit.

« A l'aide d'une sonde en fer, on prélève sur le plus grand nombre de sacs ou de tonneaux possible environ deux à trois kilogr. de l'engrais à analyser, pris dans dix à quinze points différents ; on mélange le tout aussi exactement que faire se peut sur une bâche en toile, et le mélange intime étant opéré, on prélève sur la masse 400 à 500 grammes d'engrais qu'on place dans un flacon de verre étiqueté et qui est ensuite bouché hermétiquement.

Le plus ou moins d'homogénité du lot d'engrais (humidité, couleur, finesse de la poudre, etc.), guidera, mieux qu'une description, le choix du chimiste qui devra toujours, autant que possible, procéder lui-même à la levée de l'échantillon, et, dans tous les cas, donner au cultivateur ou à tout autre intéressé, les indications précédentes.

« *B)* Engrais plus ou moins pulvérulents provenant de mélanges de sels ou de matières diverses. — Sels de Stassfurt (chlorure, sulfate de potasse et de magnésie, salins de betterave, potasse brute).

« On procèdera, comme plus haut, en multipliant les prises de matières à la sonde dans chacun des sacs ou tonneaux, afin d'amener la composition moyenne la plus exacte de l'échantillon destiné à l'analyse.

« La difficulté s'accroît ici du mélange de plusieurs sels obtenus soit isolément, soit ensemble, mais dans des proportions différentes suivant les couches. Il faut prendre également 400 à 500 grammes de matières.

« *C)* Engrais non pulvérulents. — (Déchets de corne, peaux, cuirs, laine, découturage de drap, sang et chair desséchés, déchets industriels divers).

« S'il est possible, évaluer sur place, par pesées successives, la proportion relative de matières diverses par leur nature chimique, leur volume et leur origine, qui constituent le mélange à analyser. Chercher ensuite à constituer par un tirage un échantillon représentant autant que possible la composition moyenne du lot d'engrais. Le lot à emporter au laboratoire doit peser au moins un kilogramme. »

Pour conserver tous droits contre les vendeurs livrant des engrais ne contenant pas le taux de matières fertilisantes indiquées, le cultivateur, la marchandise étant arrivée en gare, fera prélever soigneusement un échantillon moyen devant M. le chef de gare et enfermer dans trois flacons bouchés et cachetés sur lesquels cet admininistrateur apposera son timbre. Le vendeur recevra un échantillon ; le second sera conservé en cas de contestation, et le troisième sera envoyé à la station agronomique voisine pour y être analysé.

Il est bien entendu que cette opération doit être faite avant l'emploi de l'engrais, pour le renvoyer si l'analyse n'était pas conforme, ou pour demander une réduction.

S'il y a contestation, on fait analyser l'engrais du troisième échantillon par un tiers expert, et, dans le cas où un arrangement amiable ne peut intervenir, le tribunal statue en dernier ressort.

Rappelons qu'en vertu de la circulaire du 27 juillet 1875, le directeur de la station agronomique, et, en général, ceux qui ont qualité pour prendre en main les intérêts de l'agriculture ont le droit de dénoncer au parquet une fraude commise, et la poursuite se fait d'office, sans intervention de la partie civile.

V

PRÉPARATION, A LA FERME, DES ENGRAIS COMPOSÉS. ANALYSE DE CES MATIÈRES.

S'il est rationnel d'acheter les principes fertilisants isolés, dans les engrais, les uns des autres, de façon à ne point charger une récolte de la valeur de matières dont la restitution au sol est chose superflue, il n'en est pas moins vrai que le cultivateur a quelquefois intérêt à employer les engrais complémentaires de composition complexe : dans ce cas, il achète, le plus souvent, les matières premières et opère le mélange à la ferme. Ce sont les échantillons de ces *matières premières* que le cultivateur doit envoyer au chimiste chargé de vérifier la composition des engrais achetés par lui, et non le mélange, plus ou moins homogène, qu'il en fait. Le chimiste, en effet, doit rechercher si les quantités de principes fertilisants garanties à l'agriculteur lui ont été réellement livrées. Quant à la question de savoir si la masse résultant du mélange de plusieurs engrais est parfaitement homogène, c'est une autre affaire.

VI

PRIX DE TRANSPORT DES ENGRAIS COMMERCIAUX.

« Le prix d'achat, dit M. Lecouteux, n'est que l'un des éléments du prix définitif auquel les engrais reviennent au cultivateur, qui les tire de plus ou moins grandes distances. Et comme les frais de transport sont tarifiés au poids, il est évident que les engrais les plus avantageux sont ceux qui, sous un moindre poids brut, contiennent le plus de matières de *haute valeur fécondante*. En moyenne, et sur les chemins de fer, les engrais sont taxés à 6 centimes par tonne (1.000 kilos), et par kilomètre. Donc, pour 100 kilomètres parcourus, chaque quintal (100 kilos) paie 60 centimes, et, par conséquent, la matière utile (azote et phosphate) est ainsi grevée par chaque kilogramme des engrais qui auraient la teneur suivante en matière utile :

Matière utile, azote et phosphate. kilom.	Prix de transport au kilogr. fr.	Prix définitif à la gare d'arrivée	
		du kilog. azote. fr.	du kilog. phosphate. fr.
12.50	0.048	1.688	0.198
42.00	0.014	2.674	0.164
25.00	0.024	2.544	0.174
35.00	0.017	2.288	0.167

La question des distances mérite donc toute attention, et d'autant plus qu'il s'agit ici de transports à effectuer par colliers, soit qu'on prenne directement en fabrique, soit qu'on ait à conduire sur une ferme plus ou moins éloignée d'une gare de chemin de fer. Reportons-nous, en effet, aux pages 144 et 145 de ce volume, et nous aurons la preuve que, pour les charrois par colliers, le prix moyen varie entre 10 et 18 centimes par tonne et par kilomètre, selon qu'ils ont lieu à charge d'aller et de retour, à marche moitié à vide et moitié à charge, et enfin à journée d'un seul ou de plusieurs voyages. En tous cas, il est visible que ces charrois par la voie de terre accroissent tellement le prix de revient des engrais industriels, qu'il y a là une raison décisive pour préférer les engrais concentrés à ceux qui contiennent beaucoup d'eau et beaucoup de matières inertes, et même de matières organiques non azotées ni phosphatées. En un mot, le terreau, la silice et l'eau ne sont pas des substances à faire voyager au loin, et il faut l'avouer, par exemple, que c'est payer de l'eau bien chèrement que de la faire circuler sur les chemins de fer à 60 centimes l'hectolitre rendu à 100 kilomètres.

« Le prix de transport des phosphates eux-mêmes est exorbitant si on le compare à leur prix d'achat de 15 centimes le kilogramme. Aussi, pour peu qu'il ne soit pas de première utilité dans certains sols, est-il juste de ne pas les assimiler à l'azote pour la répartition des frais de transport ; en pareil cas, il est plus rationnel que cette répartition se fasse proportionnellement à la valeur respective de l'azote et des phosphates, et que, par suite, ceux-ci, plus ou moins assimilés à la matière inerte, soient plus ou moins dégrevés, l'azote étant au contraire surchargé dans la proportion de ce dégrèvement. En principe, c'est la matière utile qui doit seule supporter les frais de transport ; donc, lorsque cette matière, c'est l'azote seulement, nous disons que c'est à l'azote de tout prendre à son compte.

» D'autres conditions sont encore à apprécier dans l'achat des engrais. Ce sont : l'état plus ou moins pulvérulent, plus ou moins aggloméré, dans lequel ils sont livrés ; la facilité de leur répartition uniforme, de leur semaille sur le sol ; leurs chances d'altérations ; leur facilité hygrométrique ; leur mode de livraison en sacs ou sans sacs ; le prix additionnel des sacs ; les facilités accordées aux petites ou aux grandes livraisons ; le mode de paiement et les escomptes, et surtout l'exactitude de la mesure et la responsabilité du vendeur engagée par la vente sur garantie d'analyse. » (1)

(1) E. Lecouteux. — *Cours d'économie rurale.*

VII.

CONTRÔLE DES ENGRAIS INDUSTRIELS PAR LES STATIONS AGRONOMIQUES.

L'analyse de quelques sacs d'engrais peut entraîner, pour la petite culture, une dépense beaucoup trop considérable. Comment obvier à cet inconvénient ? Rappelons ce qu'a écrit M. L. Grandeau sur ce sujet (1) :

« . . . .

Il y a plusieurs manières d'obvier à cet inconvénient réel, tout en conservant le bénéfice de la vérification de la valeur de l'engrais acheté, vérification d'autant plus importante que les fraudeurs dont les stations agronomiques ont pour mission de dévoiler le commerce éhonté, s'adressent de préférence aux petits cultivateurs qu'ils séduisent par le bon marché apparent de leurs produits et par des protestations d'honnêteté auxquelles l'acheteur se laisse prendre trop souvent.

« Il est bien évident que le cultivateur qui achète un ou deux sacs d'engrais à l'un des représentants de cette association de fripons qui parcourt les campagnes, changeant de région quand ils sentent que la confiance commence à s'ébranler, changeant de nom même pour reparaître dans la même localité exploitée et volée par eux, il est bien évident, dis-je, que le cultivateur ne peut demander pour son acquisition, la vérification d'un chimiste dont les frais atteindront et excèderont le prix de l'engrais lui-même.

« Pour éviter d'être trompé, sans pour cela avoir à sup-

(1) Voir le *Journal d'agriculture pratique*, 1881, tome II, n° 43.

porter des frais élevés d'analyses, le moyen le plus sûr est celui que j'ai depuis longtemps conseillé : il consiste dans l'association pour l'achat des engrais d'un certain nombre de cultivateurs d'une même canton ou d'une même commune, faisant venir un ou plusieurs wagons d'engrais et se le partageant.

« Si cette association s'adresse à une grande maison vendant sur titre ou mieux encore placée sous le contrôle d'une station agronomique, les acheteurs pourront faire vérifier sans aucun frais pour eux, par la station chargée du contrôle, le titre de l'engrais ou tout au moins demander à la station une analyse dont le prix réparti entre eux sera tout à fait insignifiant pour chaque acheteur.

« Les Sociétés et comices agricoles, aujourd'hui si nombreux, pourraient rendre un grand service à la petite culture et favoriser en même temps le développement du commerce honnête des engrais, en se chargeant de centraliser, comme cela se fait à l'étranger, les demandes d'engrais de leurs membres, qui bénéficieraient ainsi des avantages que présentent à leurs adhérents les Sociétés coopératives. Cette manière de faire n'entraînerait d'ailleurs aucune dépense pour les associations qui couvriraient largement les frais de transport et d'analyse par les remises que ne refuse aucun négociant à l'acheteur d'une forte partie de marchandises.

« S'adresser à des maisons honnêtes, vendant sur titre, soit en s'associant directement entre eux, soit par l'intermédiaire des Comices et Sociétés d'agriculture, tel est le moyen qui me paraît résoudre simplement pour les petits cultivateurs la question de l'achat d'engrais bien fabriqués et vendus à leur valeur réelle.

« Grâce au développement qu'ont pris en France, depuis

une douzaine d'années, les stations agronomiques et les laboratoires agricoles, il dépend de l'initiative du consommateur et de son entente avec le voisin de se soustraire à l'exploitation des fraudeurs contre lesquels les directeurs de stations ne peuvent presque rien, si les premiers intéressés à leur disparition ne leur viennent pas en aide, en s'associant pour les combattre. »

VIII.

RÉDACTION DU MARCHÉ.

Il nous semble utile de donner, comme renseignement, modèle d'un marché conclu entre un cultivateur et un marchand d'engrais. Ce modèle est surtout nécessaire à celui qui, ne faisant pas partie d'une association agricole, fait lui-même ses demandes d'engrais.

Nous supposons qu'il s'agit de l'achat d'un superphosphate minéral :

M. . , marchand d'engrais à . . . , vend à M. . , cultivateur à . . . — . . . kilogr. de superphosphate minéral (1) (phosphate de . . . traité par l'acide sulfurique) dosant, à l'état normal, au minimum :

Acide phosphorique soluble dans l'eau . . . pour 100.
id. sol. d. le cit. d'am. alcalin à froid. .
id. insoluble . . . .

L'analyse sera confiée au directeur de la station agrono-

(1) Si c'est un produit naturel, exiger les garanties de *pureté* et de *provenance*.

mique de . . . La livraison sera faite du . . . au . . . en gare de . . . La vente est consentie au prix de . . . les 100 kilogr. Si les quantités garanties par le présent marché ne sont pas constatées par l'analyse, il sera fait une réduction sur les bases suivantes :

L'acide phosphorique soluble dans l'eau évalué à. . . . . le kilogr.
L'ac. phosph. sol. dans le cit. d'am. alcalin à froid à . . . . »
L'ac. phosph. insoluble, à. . . . . »

Fait à. . . , le . . 18. .

IX

RÉDACTION D'UNE DEMANDE DE CONTRÔLE.

Nous supposons que le cultivateur désire faire analyser par un chimiste un engrais acheté par lui à un marchand. Si cet engrais est du nitrate de potasse, voici, comme renseignement, la lettre que ce cultivateur doit adresser au directeur de la station agronomique voisine, en même temps qu'un échantillon de l'engrais pris avec toutes les précautions indiquées plus haut :

« Je, soussigné, cultivateur à. . ., prie M. le directeur de la station agronomique de. . . d'analyser le. . . contenu dans le flacon portant le numéro. . . cacheté en. . . et portant le timbre. . ., et de me donner, conformément au règlement de la station, les dosages, à l'état normal, de l'azote nitrique et de la potasse contenus dans cet engrais.

» Fait à. . ., le. . . 18. . »

Voici la nomenclature des stations agronomiques subventionnées par l'Etat :

Départements.	Établissements.	Noms des Directeurs.
Ain.	Lab. de Bourg.	Granvoinnet.
Alpes-Maritimes.	Nice.	Laugier.
Bouch.-du-Rhône	Marseille.	De la Souchère.
Calvados.	Caen.	Ditte.
Cantal.	Le Faux.	Duclaux,
Cher,	Bourges,	Peneau.
Côte-d'Or.	Dijon.	Ladrez.
Eure-et-Loir.	Chartres.	Un prof. du lycée.
Finistère.	Morlaix.	Parize.
	Lezardeau (éc. du)	Choma.
Gironde.	Bordeaux.	Gayon.
Hérault.	Ecole de Montpell.	»
Ille-et-Vilaine.	Rennes.	Lechartier.
Indre.	Châteauroux.	Guinon.
Loire-Inférieure.	Nantes.	Audouard.
Mayenne.	Laval (lab.)	»
Meurthe-et-Moselle	Nancy.	Grandeau.
Nièvre.	Nevers (lab.).	Mancheron.
Nord.	Lille.	Ladureau.
Pas-de-Calais.	Arras.	Pagnoul.
—	Béthune.	Gaillot.
Puy-de-Dôme.	Clermont-Ferrand	Truchot.
Rhône.	Ecole d'Ecully.	»
Seine.	Vincennes.	Villes (Georges).
Seine-Inférieure.	Rouen.	Houzeau.
Seine-et-Marne.	Melun.	Gassend.
Seine-et-Oise.	Ecole de Grignon.	Dehérain.
Somme.	Amiens.	Nautier.

Départements.	Établissements.	Noms des Directeurs.
Tarn-et-Garonne.	Montauban (lab.).	Dubreuil.
Vaucluse.	Avignon.	Pichard.
Yonne.	Ecole de la Brosse	De Wulf.

X

LES VENTES FRAUDULEULES D'ENGRAIS.

« Voilà un sujet des plus scabreux, et qu'on ne peut aborder qu'en formulant une déclaration préalable, à savoir que le commerce des engrais, s'il est très-honorablement exercé par d'honnêtes industriels, l'est aussi par des marchands sans scrupule. C'est donc là surtout qu'il faut séparer l'ivraie du bon grain, et c'est ce que ne doit pas hésiter à faire l'économie rurale, avec la conviction de servir en cela, non seulement les intérêts de l'agriculture, mais encore les intérêts de l'industrie loyale qui, tout en faisant ses affaires, rend de signalés services à l'œuvre de la propagation des engrais appelés, tantôt à suppléer à l'insuffisance du fumier de ferme, tantôt à mettre en valeur des terres où rien n'est plus difficile à improviser que l'agriculture par les fourrages, le bétail et le fumier. » (1).

Sous ce titre : *Les ventes frauduleuses d'engrais,* un de nos meilleurs chimistes agricoles, M. Ladureau, directeur de la station agronomique du Nord, a publié, dans le *Journal d'agriculture pratique* (1880, tome II, n° 36), un très-intéressant et très-instructif travail dont nous extrayons quelques passages :

« C'est généralement sous le nom de phospho-guano,

(1) E. Lecouteux. — *Cours d'économie rurale.*

de guano organique, de guano azoté, etc., qu'ils (les fraudeurs d'engrais) désignent les produits qu'ils offrent à la culture et qui ne renferment pas de traces de guano.

» Ce sont, le plus souvent, des mélanges de matières animales, cuir, corne, viande ou poils, en partie décomposés par la putréfaction, afin de produire l'odeur forte que les cultivateurs ignorants recherchent encore dans leurs engrais, et de phosphates fossiles pulvérisés. Quelques-uns font intervenir également un peu de nitrate de soude ou du sulfate d'ammoniaque comme source d'azote, et emploient des superphosphates ; mais la disproportion qui existe généralement dans les meilleurs de ces engrais, entre leur valeur réelle et leur prix de vente, dépasse tout ce qu'on ose imaginer. . .

». . . Ceux-ci (les représentants des maisons borgnes qui s'adonnent à la fabrication et à la vente des engrais), évitent de s'adresser directement à la culture ; ils ont plus facile abord auprès de gens peu au courant des prix des engrais, tels que les aubergistes, maréchaux-ferrants, débitants de tabacs, marchands de tissus, etc., et c'est dans cette classe de petits négociants qu'ils choisissent surtout leurs victimes. Nous avons eu pour notre part à enregistrer une dizaine de cas analogues depuis deux mois, et nos correspondances avec nos collègues des autres stations agronomiques, nous montrent que ces pratiques sont générales.

» Ces représentants parcourent les campagnes, en s'enquérant habilement des gens faciles à endoctriner et possédant un petit avoir suffisant pour assurer le paiement de leurs factures, ayant quelques rapports avec les cultivateurs et pouvant leur replacer l'engrais qu'ils recevront à titre de simple dépôt, disent-ils, et qu'ils ne paieront à leur maison qu'après l'avoir entièrement écoulé. Néanmoins, ils leur demandent une simple signature sur leur carnet, pour la régularité des affaires. Les bonnes gens, simples et honnêtes, ne supposant pas qu'on puisse abuser ainsi d'eux, donnent la signature demandée, et ce n'est que lors de l'arrivée de l'engrais et de la facture qu'il l'accompagne, qu'ils s'aperçoivent, mais un peu tard, qu'ils ont mis leur signature au bas d'un acte de vente formel et régulier, et qu'ils se sont, de plus, engagés à payer la facture à deux, trois ou quatre mois de date. . .

. . . . « Les marchands d'engrais en question font souvent distribuer par leurs agents des prospectus sur lesquels s'étalent en grandes lettres les mots « vente sur analyse rigoureusement garantie, » dans lesquels on cite l'opinion des meilleurs agronomes sur le rôle et l'utilité des engrais, où l'on présente même des analyses du produit vendu, faites par les directeurs des laboratoires agricoles et des stations agronomiques, mais où, bien entendu, il n'est pas question de la valeur de l'engrais.

« Un des procédés les plus communs et en même temps des plus simples consiste à publier l'analyse de leur produit *à l'état sec,* et sans faire la moindre mention de la proportion d'humidité qu'il renferme à l'état normal, proportion que le vendeur s'efforce d'élever autant que possible. . .

« Un autre qui, malgré la grossièreté de son *truc,* disons le mot, a réussi à faire cependant des dupes dans ce pays, introduisait dans l'analyse qu'il donnait de son produit la mention suivante :

30 °/₀ *matières organiques* renfermant 6 °/₀ d'azote. Le cultivateur voyant en grandes lettres ce titre d'azote et croyant qu'on lui garantissait 6 °/₀ de cet élément, ache-

tait ; puis mis en défiance par un voisin plus soupçonneux, il faisait analyser son produit, dans lequel on ne trouvait que 1.80 °/₀ au lieu de 6. Sur sa réclamation, le vendeur se borna à lui faire remarquer que 30 °/₀ de matières organiques renfermant 6 °/₀ d'azote ne pouvaient donner que 1.80 °/₀ de ce corps, et que par conséquent sa réclamation était sans valeur, et le pauvre cultivateur dut se résigner à payer l'azote de son engrais à 15 francs le kilogramme.

« Voici un engrais, composé de matières animales fermentées et de phosphate fossile pulvérisé, sous le nom de guano organique azoté, potassique, phosphaté, applicable à toutes cultures, vente sur analyse rigoureusement garantie. Le prospectus porte deux marques destinées à frapper l'imagination de l'acheteur et à lui persuader qu'on lui offre un véritable guano : d'abord un oiseau à deux têtes, au pied duquel rampe un serpent, puis le nom et l'adresse du fabricant ou vendeur de ce triste produit. . .

« Un dernier exemple pour finir : celui-ci nous est envoyé par un correspondant du Midi, qui est à peu près ruiné par le marché onéreux qu'il a contracté, *sans le savoir,* avec la maison. . . »

Et M. A. Ladureau termine ainsi :

« Qu'ils se persuadent (les cultivateurs), en un mot, que le véritable ennemi du cultivateur, c'est l'ignorance et la routine qui en résulte, et que, s'ils veulent vivre de leur métier et élever honorablement leurs familles, il est plus que temps qu'ils apprennent à le bien faire. »

En 1864, une grande commission fut nommée, qui, sous la présidence de M. Dumas, procéda à une enquête sur les engrais commerciaux. Son œuvre fut couronnée par la promulgation de la *loi relative à la fraude sur la vente des engrais* (27 juillet 1867), que nous reproduisons ici :

Article 1er. — Seront punis d'un emprisonnement de trois mois à un an et d'une amende de cinquante à deux mille francs :

1° Ceux qui, en vendant ou en mettant en vente des engrais ou amendements, auront trompé ou tenté de tromper l'acheteur, soit sur leur nature, leur composition ou le dosage des éléments qu'ils contiennent, soit sur leur provenance, soit en les désignant sous un nom qui, d'après l'usage, est donné à d'autres substances fertilisantes ;

2° Ceux qui, sans avoir prévenu l'acheteur, auront vendu ou tenté de vendre des engrais ou amendements qu'ils sauront être falsifiés ou avariés ;

Le tout sans préjudice de l'application de l'art. 1er, § 3, de la loi du 27 mars 1851, en cas de tromperie sur la quantité de la marchandise.

Art. 2. — En cas de récidive commise dans les cinq ans qui ont suivi la condamnation, la peine pourra être élevée jusqu'au double du maximum des peines édictées par l'article 1er de la présente loi.

Art. 3 — Les tribunaux pourront ordonner que les jugements de condamnation soient, par extraits ou intégralement aux frais des condamnés, affichés dans les lieux publics, dans les journaux qu'ils détermineront.

Art. 4. — L'art. 463 du code pénal est applicable aux délits prévus par la présente loi.

Pour que toute fraude puisse tomber sous le coup de la loi du 27 juillet 1867, il faut qu'il existe une pièce authentique qui puisse faire foi devant les tribunaux. Nous avons donné précédemment, sur ce point, tous les renseignements désirables.

XI

PRIX DES MATIÈRES FERTILISANTES.

Il est important de connaître la valeur-argent des matières qui entrent dans la composition des engrais commerciaux. Les prix indiqués ci-dessous s'appliquent à des ventes en gros de 20.000 à 30.000 kilogr. au moins. (Place de Paris, juillet 1883).

PAR 100 KILOGR.

Sang desséché non moulu	11/13 azote	27 f	»	à 28	»»
Viande desséchée. . .	9/11 —	23	»	20	»
Cornes broyées . . .	13/15 —	32	»	35	»
Cuir désagrégé . . .	8/9 —	16	»	17	»
Matières animales torréfiées	10 p. 100	»	»	10	»
Laine engrais	3 à 4 —	»	»	»	»
Nitrate de soude . . .	15/16 —	36	»	30	»
Nitrate de potasse. . .	80 —	»	»	»	»
— — . . .	95 —	70	»	71	»
Muriate de potasse . .	80 —	26	»	28	»
Sulfate de potasse . .	90 —	»	»	»	»
Sulfate d'ammoniaque .	20 azote	53	»	54	»
Muriate d'ammoniaque .	»	»	»	»	»
Cornes, cornailles pour brûler	»	22	»	23	»
Déchets fins de cornes frisures	»	25	»	26	»
Engrais alcalins, potasse, soude et magnésie (Compagnie des salins du Midi à Berre) . .	»	»	»	»	»

Engrais alcalins sulfatés (Compagnie des salins du Midi à Berre) . . »	» »	» »

Phosphates des Ardennes, en gare des Ardennes ou de la Meuse, en sacs.

	LES 1.000 KILOGR.	
Pulvérisés, 40/45.	40 » à	39 »
— 45/50.	43 »	42 »
— 55/60.	78 »	» »

Phosphates du Cher, en gare de Cosne.

Pulvérisés, 35/34 phosph. de chaux.	49 »	51 »

Phosphates de l'Yonne.

En roches, 35 à 38 pour 100 . . .	» »	» »
Phosphates de l'Auxois, Marigny, Epoise :		
Pulvérisés, 60/70 °/₀, base de 60 °/₀. .	80 »	72 »

(Avec augmentation ou diminution de 1 fr. 50 par unité et par tonne en plus ou en moins.

Phosphates du Midi, en gare de Cahors, Saint-Antonin.

Phosphates pulvérisés, 35/40 pour 100.	40 »	43 »
— — 40/45 —	48 »	50 »
— — 45/50 —	50 »	55 »
Phosph. précipités, 35 à 40 °/₀, ac. phosph.	23 »	26 »
— — 40 à 42 — —	30 »	32 »
Marne phosphatée, 25 pour 100 phosphate.	» »	» »
Superphosphates fossiles, 10 pour 100		

	LES 100 KILOG.	
acide phosphorique soluble et assimilable	8 50	9 50
Superphosphates fossiles, 16 à 18 pour 100, id.	14 »	15 50
Superphosphates d'os, 16 à 18 pour 100, ac. ph.	16 »	17 50
Poudre d'os de tabletterie	15 50	17 »
Poudre d'os bruts	15 50	17 »
Poudre d'os dégélatinés	15 50	16 50
Noir impalpable, 80 pour 100	16 »	» »
Noir de raffinerie (l'hectolitre)	» »	» »
Chrysalides, 8 à 9 pour 100 azote . .	» »	» »

Pour calculer, d'après ce tableau, le prix de l'azote contenu dans le sang desséché, il suffit de diviser 27 par 11. Le quotient, 2 45, indiquera que le kilogramme d'azote du sang desséché revient à 2 fr. 45 sur la place de Paris.

Dans ce calcul, on ne tient pas compte de la valeur agricole des autres éléments constituants du sang qui accompagnent l'azote. Cette valeur, toutefois, a quelque importance, ainsi que le prouve l'analyse complète d'un sang desséché des abattoirs, que nous donnons ci-dessous :

Eau	12.75
Matières organisées	77.767
Matières minérales.	8.483
Azote.	11.885
Potasse	0.680
Soude	0.476
Magnésie	0.180
Chaux	0.765

Chlore	1.132
Acide phosphorique . . .	1.312
Acide sulfurique	1.840
Silice.	2.680
Péroxyde de fer	1.418

La même méthode de calcul, appliquée à d'autres matières fertilisantes, conduirait aux indications suivantes :

1° *Prix du kilogr. d'azote contenu :*

Dans le sulfate d'ammoniaque . . . . $\frac{53}{20}$ = 2f 65

Dans la viande desséchée . . . . . . $\frac{23}{9}$ = 2 55

Dans les cornes broyées. . . . . . . $\frac{32}{13}$ = 2 46

Dans le nitrate de soude. . . . . . . $\frac{36}{15}$ = 2 40

Dans le cuir désagrégé . . . . $\frac{16}{8}$ = 2 »

Remarque. — Il faut tenir compte, dans ces comparaisons de la lenteur ou de la promptitude de l'azote à se dégager au profit des récoltes, et des autres conditions qui sont aussi à apprécier dans l'achat des engrais. Ces conditions, on se le rappelle, sont indiquées plus haut.

2° *Prix de l'acide phosphorique.*

On le détermine, comme celui de l'azote, par la méthode de calcul précédemment suivie. Qu'il nous suffise de rappeler que le kilogramme d'acide phosphorique ne doit jamais être payé plus de 1 fr.

3° *Prix de la potasse.*

Il doit varier de 0 fr. 30 à 0 fr. 50 le kilogramme.

4° *Prix du nitrate de potasse.*

La teneur, en nitrate de potasse, étant 95 p. 100, on a . . . . $\frac{70}{95}$ = 0 75

Il est important de remarquer que les prix de la plupart des engrais chimiques suivent une marche ascendante dont il est facile de se rendre compte en examinant les chiffres qui suivent :

	PRIX DE L'AZOTE.	
	En 1879	En 1883
Nitrate de soude . . .	2f33	2f40
Cornes broyées . . .	2 15	2 46
Sulfate d'ammoniaque .	2 60	2 65

	LES 100 KILOGR.		
	En 1873	En 1878	En 1883
Sulfate d'ammoniaque .	43f »	53f »	54f »
Nitrate de potasse . .	37 »	67 »	70 » (1)

(1) Depuis le moment où ce chapitre a été rédigé, quelques modifications sont survenues dans le prix de plusieurs engrais :

1o *Engrais dont les prix ont baissé :*

Nitrate de soude, 15/16 °/o azote	27 » à	29 »
Nitrate de potasse, 95 °/o azote	58 »	60 »
Sulfate d'ammoniaque, 20 °/o azote	46 »	48 »
Cornes, cornailles pour brûler	18 »	20 »
Déchets fins de corne, frisures	21 »	23 »
Phosphates du Cher.	45 »	50 »
Superphosphates fossiles, 10 °/o acide ph. sol. et assim.	7 50	8 50
Superphosphates fossiles, 16 à 18 °/o acide phosphorique	15 »	16 »
Superphosphates d'os	15 »	16 »

2o *Engrais dont les prix ont augmenté :*

Viande desséchée, 9/11 °/o azote	22 »	24 »
Phosphates précipités, 35 à 40 °/o acide phosphorique .	30 »	32 »
— 40/45 — —	36 »	38 »
Poudre d'os dégélatinés	16 »	17 »
Noir impalpable, 80 °/o	16 »	18 »

3o *Engrais dont les prix ne sont pas indiqués sur la première liste :*

Sulfate de potasse	25 » à	27 »
Chrysalides, 8 à 9 °/o azote	20 »	24 »

(Place de Paris, septembre 1883).

Tous les chiffres consignés dans notre travail sont donnés à titre de *renseignements généraux.*

XII

CONCLUSION

Non-seulement il est important de déterminer la valeur commerciale des engrais complémentaires du commerce et de l'industrie et de comparer les uns aux autres les prix ainsi obtenus, mais il est encore du plus haut intérêt de rapprocher ces chiffres des prix de revient des autres engrais, en général, et de ceux des fumiers de ferme, en particulier.

On sait que, grâce à ses propriétés précieuses, le fumier de ferme est l'engrais par excellence, l'engrais type, l'engrais foncier, celui qui répond le mieux aux besoins généraux de nos plantes de grande culture, l'engrais « qui redoute le moins les vicissitudes atmosphériques, » c'est-à-dire la base, pour nos pays de vieille culture, de toute production agricole bien entendue.

On a fait au fumier le reproche d'être plus coûteux que les engrais chimiques ; il n'est pas difficile de prouver le contraire : deux exemples suffiront à établir notre proposition.

1° Le prix de revient du fumier produit à la ferme annexée à l'Institut agricole de l'Etat, à Gembloux, était de 14 fr. 24 c. les 1.000 kilogr., lorsque M. Pétermann, directeur de la station agricole, en fit l'analyse suivante :

Eau	769.35
Matières organiques . . .	159.67
Contenant : Azote. . . .	4.63
Ammoniaque	3.04
Chaux	8.17

Magnésie	0.99
Potasse.	5.67
Soude	2.00
Oxyde de fer	1.78
Acide phosphorique soluble.	1.18
Acide phosphorique insoluble.	4.88
Acide sulfurique	2 16
Chlore	0.84
Silice soluble	1.51
Sable	34.02

Or, si, à cette époque, il avait fallu acheter l'azote, l'ammoniaque, la potasse et l'acide phosphorique, contenus dans ce fumier, on aurait dépensé, pour cela, la somme de 21 fr. 84 c., moins 2 fr., valeur de la laine et des matières osseuses ajoutées au fumier, soit 19 fr. 84 c. les 1.000 kilogr., sans tenir compte de la matière organique, de la chaux, de la magnésie, etc., et des propriétés bien connues du fumier ;

2° L'éminent agronome M. Risler, directeur de l'Institut agronomique de Paris, prenant pour base de démonstration un fumier moyen analysé par Wolf, a montré que si l'on substitue l'azote, la potasse et l'acide phosphorique des engrais chimiques, aux mêmes éléments du fumier, l'engrais, auquel correspond cette opération, représente une valeur de 21 fr. 60 c. les 1.000 kilogr.

Le fumier produit sur la propriété de M. Risler, à Calères, près Genève, revenait à 14 fr. 35 c. les 1.000 kilogr.

Ainsi donc, il est bien entendu que le fumier de Gembloux, de même que celui de Calères, de même aussi que tous les autres fumiers produits dans de bonnes conditions, peuvent parfaitement bien entrer en lutte avec les engrais chimiques comme producteurs d'azote, d'acide phosphorique et de potasse.

Il y a donc une concurrence parfaitement établie entre les engrais commerciaux et les fumiers de ferme, concurrence heureuse, en ce sens, qu'elle maintiendra les prix des deux sortes de matières fertilisantes dans de justes et raisonnables limites. Plus d'agriculture par le fumier seul ; plus d'agriculture, non plus, par les engrais chimiques employés à l'exclusion de tous les autres engrais : mais, association aux fumiers de ferme bien préparés des produits du commerce et de l'industrie connus sous les noms d'*engrais chimiques*, d'*engrais industriels*, d'*engrais commerciaux*.

Sans doute, il n'est point défendu de profiter de la richesse des terres en éléments fertilisants, et il n'y a pas d'inconvénients de demander à une très-bonne terre d'abondantes récoltes. Mais il est souvent avantageux, pour le présent, et il est toujours prudent, pour l'avenir, d'opérer la restitution des principes enlevés à la terre par les récoltes.

Dans notre pays, il est souvent nécessaire de porter aussi haut que possible la puissance productive de la terre cultivée ; il est, dans tous les cas, absolument indispensable de conserver au sol sa fertilité. Cette dernière condition sera remplie, toutes les fois que le cultivateur fera un emploi raisonné des matières fertilisantes dont il dispose : *fumiers de ferme* et *engrais complémentaires*.

CH. FASQUELLE.

Juillet 1883.

NOTE SUPPLÉMENTAIRE

CONCERNANT LE DÉPARTEMENT DE SEINE-ET-MARNE

La *Station agronomique de Seine-et-Marne* est établie à Melun, rue Bontemps, derrière l'Ecole normale.

Elle a été ouverte au mois de juillet 1877, dans le but de venir en aide aux cultivateurs par l'analyse et le contrôle des engrais et par des recherches scientifiques entreprises dans un intérêt agricole.

Elle a un *laboratoire d'analyse chimique* destiné à faire pour le public des analyses, des essais de semences et des recherches pouvant intéresser les agriculteurs et les industriels du département.

En 1881, le Conseil général a décidé que le public serait admis à faire analyser également les substances alimentaires.

La station est ouverte au public tous les samedis, de 9 heures à 11 heures et de 2 heures à 5 heures.

Les échantillons peuvent être déposés directement à la station ou être envoyés par la poste ou le chemin de fer ; dans tous les cas, ils doivent être contenus dans des vases en verre, en grés ou en fer-blanc, solidement bouché est cachetés. Ils doivent être accompagnés d'une lettre indiquant d'une manière précise les éléments à doser ou à rechercher, et donnant des renseignements sur la nature et l'origine de la matière, le prix d'achat, autant que possible le dosage déclaré par le vendeur.

Des consultations gratuites sur toutes les questions ayant trait à la chimie agricole sont données à la station tous les samedis de 9 heures à 11 heures et de 2 heures à 5 heures.

Les versements des sommes dues pour analyses, dosages, etc.., sont faits à la caisse de la station dans le mois qui suit le reçu du billet d'analyse.

Des notices spéciales faisant connaître les tarifs des analyses sont déposées à la station, à la préfecture et aux sièges des sociétés agricoles, horticoles et des comices, où les intéressés peuvent s'en faire délivrer gratuitement.

Il existe, en outre, un tarif réduit applicable seulement lorsqu'on a à faire exécuter un certain nombre d'analyses pareilles dans un temps déterminé. Le directeur de la station fait connaître aux intéressés qui s'adressent à lui les conditions auxquelles ces analyses peuvent être effectuées.

Depuis le 1er août 1883, les échantillons de terres, engrais, amendements, eaux, vins, etc., destinés à être analysés à la Station agronomique de Melun, peuvent être déposés dans les mairies de chaque chef-lieu de canton.

Le dépôt d'un échantillon est constaté par la délivrance d'un récépissé.

L'envoi des échantillons au laboratoire départemental est fait par les soins de MM. les Maires.

Les expéditions ont lieu chaque semaine.

Le Lundi :

De Tournan, de Fontainebleau, de Donnemarie.

Le Mardi :

Du Châtelet, de Rebais, de La Chapelle-la-Reine, de Moret.

Le Mercredi :

De Melun, de Coulommiers, de Lorrez-le-Bocage, de Nangis, de Villiers-Saint-Georges.

Le Jeudi :

De Mormant, de La Ferté-Gaucher, de Château-Landon, de Claye.

Le Vendredi :

De Brie-Comte-Robert, de Coulommiers, de Fontainebleau, de La Ferté-sous-Jouarre, de Lagny, de Bray-sur-Seine.

Le Samedi :

De Melun, de Rozoy, de Montereau, de Nemours, de Meaux, de Provins.

Nota. — Le prix du transport devant toujours être à la charge de l'expéditeur, il est perçu en sus du prix de l'analyse une somme de 0 fr. 95 c. par poids de 3 kilogr. et au-dessous et de 1 fr. 55 c. par poids de 3 à 10 kilogr.

Il n'est dû aucune indemnité pour les échantillons déposés à la mairie de Melun.

Le recouvrement des sommes dues est fait par l'intermédiaire de MM. les Percepteurs comme en matière de contributions directes, si le paiement n'a pas été effectué directement à la station dans le mois qui suivra la réception du bulletin d'analyse.

Le *Tarif des analyses* adopté par le Conseil général de Seine-et-Marne, dans sa séance du 28 avril 1883, est donné ci-dessous :

Engrais.

Engrais animaux, engrais minéraux, engrais complexes, amendements :

Dosage de l'humidité. . . . . 1 fr. »

Pour tous les autres éléments (1), par éléments dosé . . . . 3 »

Terres.

Analyse physique. — Séparation du sable, de l'argile, du calcaire . . . . 5 fr. »

Chacun des éléments séparément . . . . 2 »

Analyse chimique. — Par élément dosé . . 2 »

Fourrages et Graines.

Dosage de l'humidité. . . . . 1 fr. »

Pour tous les autres éléments, par élément dosé . . . . 3 »

Essai de graines pour semences . . . . 5 »

Cendres.

Par élément dosé. . . . . 3 fr. »

Betteraves.

Détermination de l'eau et de la matière sèche. 1 fr. »

Détermination du quotient de pureté . . . 4 »

Dosage du sucre par le saccharimètre. . . 3 »

Détermination de la densité du jus. . . . 2 »

Pour tous les autres éléments, par élément dosé . . . . 3 »

Pommes de terre.

Dosage de l'eau et de la matière sèche . . 1 fr. »

Pour tous les autres éléments, par élément dosé . . . . 3 »

(1) L'azote, l'acide phosphorique, la potasse, la chaux, constituent, chacun séparément, un élément.

Sucres.

Dosage de l'humidité.	1 fr. »
Dosage du sucre cristallisable	3 »
Dosage du sucre incristallisable	3 »
Dosage des cendres	3 »

Eaux Potables.

Essai hydrotimétrique	2 fr. »
Dosage du résidu par litre	3 »
Analyse qualitative. — Par élément cherché .	1 »
Analyse quantitative. — Par élément dosé. .	5 »

Denrées alimentaires, etc.

(Recherches des falsifications et des principes nuisibles).

ANALYSES QUANTITATIVES.

Taxe de 15 francs.

Vins, bière, cidre, — pain et farines, — sirops et confitures, — confiserie et pâtisserie, — chocolat, cacao, — épices diverses.

Taxe de 10 francs.

Jouets, tapisseries (couleurs et métaux toxiques), — graisses et beurres, — alcools (alcools étrangers), — café, chicorée, — vinaigre.

Taxe de 5 francs.

Sucre, glucose, mélasse, miel, — sel de cuisine, — recherche et dosage du plomb dans les étamages — essai des pétroles.

ANALYSES QUALITATIVES.

Taxe de 5 francs.

Vins, bières, cidre, — pain et farines, — sirops et confitures, — confiserie et pâtisserie, — chocolat, cacao, — graisses et beurres.

Taxe de 3 francs.

Epices diverses, — café, chicorée, — vinaigre, — sucre, — glucose, mélasse, miel, — sel de cuisine, — lait, pétrole, étamage.

Nota. — Pour toutes les analyses dont le prix n'est pas porté au présent tarif, le directeur fera connaître aux personnes qui s'adresseront à lui les conditions auxquelles elles seront effectuées.

Le nombre des analyses exécutées en 1881 à la station agronomique de Melun s'est élevé à 2.145, et à 2.506 en 1882, sans compter 421 analyses qualitatives, donnent une simple appréciation de la valeur des produits déposés sans indication de leur composition.

On doit se réjouir de la prospérité de cet utile établissement, un de ceux qui, en ces temps difficiles pour l'agriculture, vient si efficacement en aide à la première de nos industries nationales.

C. F.

TABLE DES MATIÈRES

www.ingramcontent.com/pod-product-compliance
Lightning Source LLC
LaVergne TN
LVHW012008160826
845678LV00002B/715

* 9 7 8 2 3 2 9 6 6 8 1 5 4 *